EIN GANG DURCH BIOCHEMISCHE FORSCHUNGSARBEITEN

VON

ARTHUR STOLL
BASEL

MIT 5 TAFELN

BERLIN
VERLAG VON JULIUS SPRINGER
1933

NACH EINEM VORTRAG,
GEHALTEN AN DER XVIII. JAHRESVERSAMMLUNG DER
VEREINIGUNG SCHWEIZERISCHER NATURWISSENSCHAFTSLEHRER
AM 1. OKTOBER 1932 IN BADEN (SCHWEIZ)

ISBN-13: 978-3-642-90439-4   e-ISBN-13: 978-3-642-92296-1
DOI: 10.1007/978-3-642-92296-1

ALLE RECHTE, INSBESONDERE DAS DER ÜBERSETZUNG
IN FREMDE SPRACHEN, VORBEHALTEN.
COPYRIGHT 1933 BY JULIUS SPRINGER IN BERLIN.

MEINEM LEHRER UND FREUND
RICHARD WILLSTÄTTER
IN HERZLICHER VEREHRUNG

Ein Gang durch biochemische Forschungsarbeiten.

Vor kurzem erschien der 250. Band der „Biochemischen Zeitschrift", eines der bedeutendsten Publikationsorgane für biochemische Arbeiten deutscher Zunge. Es sollen allein in dieser Zeitschrift in 26 Jahren etwa 10000 Originalaufsätze erschienen sein. Verhältnismäßig noch mehr als auf dem europäischen Kontinent wird die Biochemie in England und vor allem in Nordamerika gepflegt, wo bedeutende Entdeckungen, besonders auf dem Gebiet der Hormone — ich erinnere nur an Insulin — gelungen sind. So hat sich in den letzten Jahrzehnten die Biochemie zu einem der ausgedehntesten Forschungsgebiete moderner Naturwissenschaft entwickelt.

Die Biochemie, die Chemie von den Lebensvorgängen, ist aus der reinen organischen Chemie hervorgegangen. Die klassischen Untersuchungen von EMIL FISCHER über den Aufbau der Kohlehydrate und der Eiweißstoffe bildeten in mancher Hinsicht die Grundlage der biochemischen Forschung. Aus Botanik und Zoologie und besonders aus der Medizin, aber auch aus der organischen Chemie selbst ergaben sich die Probleme in immer größerer Zahl. Große Fortschritte wie die Entdeckung der Enzyme, der Vitamine und der Hormone stellen nur wieder neue, schwerere Fragen, *wie* denn diese Katalysatoren und Aktivatoren wirken. Wir haben dafür noch keine klare Vorstellung, noch weniger experimentelle Beweise. Man kennt noch bei keinem einzigen Enzym mit Sicherheit die aktive Atomgruppe, die bei der katalytischen Wirkung des Enzyms irgendwie in die Reaktion eingreift. Über den chemischen Bau mancher Vitamine und Hormone weiß man mehr. Gewisse Hormone, wie z. B. das Adrenalin, das Hormon der Nebenniere, sind genau bekannt und synthetisch zugänglich. Das Wachstumsvitamin A, das reichlich in Karotten und grünen Pflanzenteilen vorkommt, ist dank der ausgezeichneten Untersuchungen von P. KARRER und H. VON EULER sowie von R. KUHN so gut wie aufgeklärt, man arbeitet an der Synthese. Aber *wo* die Hormone und Vitamine im Organismus eingreifen, ist meist unbekannt, und *wie* sie chemisch ihre spezifischen Reaktionen auslösen, noch ganz im Dunkeln.

Über das scheinbar einfache Problem, wie sich eine Muskelfaser kontrahiert, gibt es sehr geistreiche Theorien, in denen die letzten Erkenntnisse der Physik und der Chemie verwertet werden, aber noch ist alles Theorie. Es ist seit langem bekannt, daß bei der Muskelbewegung Kohlehydrate verbraucht werden, aber wie die dabei frei werdende chemische Energie in Arbeit der Muskelfaser umgewandelt wird, bleibt vorläufig ein Rätsel.

Wir müssen annehmen, daß auch die höheren Funktionen der Organismen, wie Sinneseindrücke, Denken, Erinnerung, mit chemischen Reaktionen verknüpft, stofflich also irgendwie verankert sind, ohne daß wir darüber auch nur die geringste Vorstellung hätten, welche Stoffe bei diesen hohen Funktionen beteiligt sind.

Und wie vollzieht sich die Übertragung der vererbbaren Eigenschaften über die Eizelle vom Mutter- zum Tochterindividuum? Die organische Chemie hat uns die unendliche Mannigfaltigkeit der Eiweißstoffe, der Kohlehydrate und der Lipoide dargelegt. Betrachten wir noch die ungeheure Kombinationsmöglichkeit der chemischen Substanzen in räumlicher Hinsicht, so erkennen wir grundsätzlich die Möglichkeit einer stofflichen und räumlichen Verankerung für die so mannigfaltigen vererbbaren Eigenschaften in dem winzig kleinen Raum der Eizelle. Und doch wäre es vermessen, auf Grund der heutigen Kenntnisse zu behaupten, daß es menschlichem Geiste jemals gelingen werde, dieses größte Wunder der Lebewelt zu ergründen, wie aus der Eizelle das Individuum nach den geheimnisvollen Gesetzen der Art zur vollen Entwicklung gelangt.

Das sind nur wenige Beispiele, die zeigen, daß wir mit der biochemischen Forschung ganz am Anfang stehen, und zu der ausgedehnten, schon geleisteten Arbeit muß mit weiter verfeinerten Methoden der Chemie und der Physik noch viel mehr getan werden, um nur das Rüstzeug bereitzustellen für das Studium der eigentlichen Lebensvorgänge.

Wir rechnen enzymatische Vorgänge vielfach zu den Lebensvorgängen, und sicher sind die meisten, wenn nicht alle chemischen Vorgänge der lebenden Zelle enzymatisch geleitet; nur so läßt sich erklären, daß die Zellen bei gewöhnlicher Temperatur und mit milden Reagenzien die kompliziertesten Stoffe synthetisch aufbauen können. Schon hierin unterscheiden sich jedoch die Enzymreaktionen außerhalb der Zellen von denen des lebenden Protoplasmas, daß jene weit überwiegend nur abbauen, höchstens umlagern und nicht Stoffe aufbauen, wie die lebende Zelle es spielend vermag. Unsere Kenntnisse über Enzyme, die durch die Untersuchungen von WILLSTÄTTER und seinen Schülern eine so bedeutende Erweiterung und Vertiefung erfahren haben, reichen nicht aus, um uns über die chemische Natur der Enzyme und ihre Wirkungsweise eine exakte Vorstellung zu machen. Bei der Weiterentwicklung der Biochemie wird indessen die Erforschung der Enzyme eine ausschlaggebende Rolle spielen.

Das große Geheimnis der lebenden Zelle besteht nicht nur in chemischer, sondern auch in physikalischer Hinsicht in der Struktur des Protoplasmas. Diese wunderbare Struktur hält die Ordnung aufrecht, daß die Katalysatoren, die Enzyme am richtigen Ort und voneinander fein säuberlich getrennt arbeiten, daß ihnen durch Diffusion und durch Strömung die chemischen Bausteine für die Synthese richtig zugehen und daß die aufgebauten Produkte wieder weggeschafft werden und nicht durch Anhäufung die enzymatische Reaktion stören oder am Ende gar rückwärts leiten. Gerade in dem Wegschaffen aufgebauter Produkte ist wohl ein Hauptgrund für die gewaltige synthetische Leistung besonders der pflanzlichen Zellen zu erblicken.

Der junge Forscher, der das Gebiet der Biochemie neu betritt, wird sich bald daran gewöhnen müssen, in aller Bescheidenheit zu versuchen, von den Lebensvorgängen etwas zu lernen, d. h. der Natur etwas abzulauschen. Er kann nicht, wie in der reinen organischen Chemie, schöne Formeln für eine Synthese aufschreiben und sagen: „So muß es gehen", und der Materie befehlen.

Wichtig für seine Tätigkeit ist die sorgfältige Beobachtung; mit einem gewissen Feingefühl für die empfindlichen Naturstoffe wird er die natürlichen Bedingungen für die Vorgänge im Experiment außerhalb der Zelle oder mit totem Zellmaterial nachzuahmen versuchen. Die exakt wissenschaftlichen Überlegungen lassen ihn oft im Stich, da die Vorgänge zu unübersichtlich sind, und es tritt an Stelle der nüchternen Überlegung das Gefühlsmoment und die Phantasie, angeregt von einem gewissen Enthusiasmus für die Wichtigkeit der Dinge, die mit dem Leben zusammenhängen. Lange Reihen von Messungen und Analysenserien unter Konstanthaltung der Versuchsbedingungen, wie Temperatur, Wasserstoffionenkonzentration, Konzentrationen der reagierenden Stoffe, Lichtintensität u. a. unter planmäßiger stufenweiser Änderung dieser Faktoren, verlangen Geduld, Ausdauer, nicht erlahmendes Interesse. Nur so gelingt es, manche Gesetzmäßigkeit der Erscheinungen festzustellen. Wer seine Arbeitsfreudigkeit in diesen Zeiten des scheinbaren Stillstandes nicht behält, kann leicht die entscheidende Beobachtung übergehen und der Früchte seiner langen Arbeit verlustig gehen; wer indessen *freudig* sucht, der findet.

Auf meinem kurzen Gang durch biochemische Forschungsarbeiten möchte ich der Methode meines alten Aarauer Naturgeschichtslehrers MÜHLBERG folgen, der uns Schüler lehrte, die Naturerscheinungen an wenigen, aber selbst erlebten Beispielen zu betrachten, und zu versuchen, soweit wie möglich in ihr Wesen einzudringen und ihren Sinn zu verstehen. Ich werde von eigenen Erlebnissen berichten, so wie ein Wanderer von seinen Reiseeindrücken erzählt. Auch aus dem schon so eng begrenzten eigenen Arbeitsgebiet kann ich für diesen Aufsatz nur einzelne markantere Punkte herausgreifen.

Im Herbst 1909 stellte mich mein Lehrer WILLSTÄTTER vor die Wahl, entweder eine bereits mit Erfolg begonnene Doktorarbeit auf dem Gebiet der Anilinfarbstoffe rasch abzuschließen oder in sein Privatlaboratorium einzutreten, eine Chlorophyllarbeit neu zu beginnen und meinem Studium ein Jahr zuzusetzen. Ich studierte und bewunderte die ersten Chlorophyllarbeiten WILLSTÄTTERS; manches konnte ich wohl kaum verstehen; doch führten Wanderungen in meiner grünen Heimat mir die Bedeutung des Chlorophylls für den Haushalt der Natur in schönster Weise vor Augen, und ich fand es wichtiger, zur Erforschung dieses für die ganze Lebewelt so fundamental wichtigen Farbstoffes auch nur einen kleinen Beitrag leisten zu können, als die Konstitution von Teerfarbstoffen aufzuklären; ich entschloß mich freudig für die Chlorophyllarbeit.

WILLSTÄTTER und seine Schüler hatten damals durch sauren und alkalischen Abbau des Chlorophylls, ohne daß sie dieses selbst rein in Händen hatten, bereits eine Reihe wohl definierter Chlorophyllderivate hergestellt, den hochmolekularen Alkohol Phytol als Spaltungsprodukt des Chlorophylls erkannt und isoliert und die fundamentale Entdeckung gemacht, daß das *Magnesium in komplexer Bindung* einen

Bestandteil des Chlorophyllmoleküls darstelle und seine grüne Farbe bedinge. Mit der weitverbreiteten Ansicht, daß jede Pflanze ihr eigenes Chlorophyll besitze, wurde gerade aufgeräumt und gezeigt, daß das Chlorophyll aller grünen Pflanzen, von den Algen bis zu den Phanerogamen, in seinen wesentlichen Bestandteilen identisch sei. Nur der Gehalt an Phytol, das bis zu einem Drittel des Moleküls ausmachen konnte, schwankte in weiten Grenzen von Pflanze zu Pflanze, wenn man die Extraktion des Chlorophylls mit Alkohol langsam durchführte. Schnelle Extraktion lieferte einen gleichmäßig hohen Phytolgehalt. Das Chlorophyll war also auch in bezug auf den Phytolgehalt bei allen Pflanzen als identisch erwiesen. Durch systematische Untersuchungen haben wir alsdann gefunden, daß manche Blätter, z. B. die Blätter der Galeopsis tetrahit, von Bärenklau u. a., ein Enzym, die Chlorophyllase, enthalten, die bei langer Extraktion mit Alkohol das Phytol auf dem Wege einer Umesterung durch Äthylalkohol ersetzt. Methylalkohol als Extraktionsmittel liefert den Methylester, alkoholfreie Lösungsmittel, wie wasserhaltiges Aceton, die freie Carbonsäure. Die phytolfreien Chlorophylle krystallisieren im Gegensatz zu dem amorphen natürlichen sehr schön. Die Entstehung des krystallisierten Chlorophylls, das WILLSTÄTTER schon vorher gewonnen hatte, auf enzymatischem Wege, war geklärt wie die Entstehung der damit identischen BORODINschen Krystalle, die der berühmte russische Komponist und Chemiker BORODIN beim Betupfen mancher Blätter mit Alkohol unter dem Mikroskop zuerst erhalten hatte. Mit Hilfe der Chlorophyllase, deren Enzymnatur wir näher studierten, obschon sie aus der Zellsubstanz bis heute nicht in Lösung übergeführt werden konnte, gelang die planmäßige Herstellung größerer Mengen von krystallisierten Chlorophyllen. An ihnen bestätigten sich die von WILLSTÄTTER an Abbauprodukten bereits erkannten Merkmale des Chlorophylls (der Magnesiumgehalt, die Bruttoformel). Mit diesen Substanzen gelang uns auch zum erstenmal die präparative Trennung des Chlorophylls in die blaugrüne Komponente a und die gelbgrüne b, die sich wie das Paar der gelben Blattfarbstoffe Carotin und Xanthophyll im Gehalt an Sauerstoff unterscheiden. Chlorophyll b enthält 1 Atom Sauerstoff mehr als Chlorophyll a.

Die Kenntnis der Chlorophyllasewirkung ermöglichte uns aber auch, deren Einfluß durch rasches Arbeiten auszuschalten und so zu dem intakten natürlichen Chlorophyll zu gelangen. Sie bildet ein schönes Beispiel für ein biochemisches Agens, das man zu präparativen Umsetzungen verwenden kann, die mit keinem chemischen Mittel sonst durchführbar wären, dessen Wirkung man aber schon durch rasches Arbeiten vermeiden kann, um den Naturstoff in seiner ursprünglichen Form zu isolieren. Mein Laboratorium hat später aus dieser Erkenntnis auf einem ganz anderen Gebiet, nämlich dem der Digitalis- und Scillaglykoside, wertvollen Nutzen gezogen.

Der alkalische Abbau des Chlorophylls zu Derivaten, welche die nahe Verwandtschaft zu den Abbauprodukten des Blutfarbstoffs, des Hämins, zeigten, bis zu den einkernigen Spaltprodukten des reduktiven Abbaus, den Hämopyrrolen, die Wiedereinführung des Magnesiums in Phäophytin a, also eine partielle Resynthese des Chlorophylls, waren alsdann die wichtigsten Ergebnisse der chemischen Untersuchungen des WILLSTÄTTERschen Laboratoriums. Wir haben das Gebiet in präparativer Hinsicht, wenigstens zum größten Teil, im neuen Laboratorium des Kaiser Wilhelm-Instituts für Chemie zu Berlin-Dahlem nochmals überarbeitet, mit den gesammelten Erfahrungen manche Substanzen leicht zugänglich gemacht für spätere Untersuchungen und die zum Teil unveröffentlichten Ergebnisse in einem Werk zusammengefaßt, das 1913 erschien und heute in der Literatur einfach als „Chlorophyllbuch" zitiert wird. Wir haben darin mit

Vorbehalten eine Konstitutionsformel für Chlorophyll gegeben, doch konnte sie auf Grund der damaligen lückenhaften Kenntnisse nicht richtig sein. So lehrte unter anderem die „BAEYERsche Spannungstheorie", daß Ringsysteme mit mehr als 8 Gliedern unbeständig oder überhaupt nicht existenzfähig seien; wir durften daher die Chlorophyllformel nicht mit einem 16er-Ring schreiben, wie das heute geschieht, nachdem vor allem durch die Arbeiten von L. RUZICKA gezeigt wurde, daß Ringe mit einer großen Zahl von Gliedern, z. B. 16, so beständig sind wie offene Ketten. Unsere Chlorophyllformel trug den damaligen Kenntnissen am besten Rechnung und ist seither mehrmals revidiert worden; wir werden noch darauf zurückkommen.

Die Untersuchungen über Chlorophyll, die sich mit einem großen Aufwand an Kosten und Arbeit über viele Jahre hinzogen, nur um den Stoff zu isolieren und chemisch so weit kennenzulernen, daß man an das Studium seiner natürlichen Funktion, der Assimilation der Kohlensäure, herangehen konnte, mögen zeigen, wie langsam und mühevoll biochemische Probleme gelöst werden.

Bekanntlich nimmt das grüne Blatt die Kohlensäure, die in der Atmosphäre nur zu 3 bis 4 Zehntausendsteln (des Volumens) enthalten ist, begierig auf. Das Chlorophyll vermag im Blatt das auffallende Licht zu absorbieren und es in chemische Energie umzuwandeln, so daß der gesamte an Kohlenstoff gebundene Sauerstoff frei wird: $\frac{O_2}{CO_2} = 1$. Der Sauerstoff fließt aus der grünen Zelle ab, und der Kohlenstoff tritt als Kohlehydrat auf, dessen einfachster Repräsentant der Formaldehyd, CH_2O, ist. Formaldehyd konnte freilich im Blatt noch nie mit Sicherheit nachgewiesen werden, das erste faßbare Assimilationsprodukt ist der sechsfach polymerisierte Formaldehyd, der Traubenzucker.

Der Assimilationsvorgang, die Kohlehydratbildung aus Kohlensäure der Luft, ist sozusagen die einzige Quelle chemischer Energie für die Organismen des Pflanzen- und indirekt des Tierreichs, und wenn man von der belebenden Wirkung der Sonne auf die Organismen spricht, so ist das in bezug auf den Energiehaushalt der Lebewesen wörtlich zu nehmen. In Form unserer Steinkohlen besitzen wir durch den Assimilationsvorgang vor Jahrmillionen umgewandelte und aufgespeicherte Sonnenenergie.

Die scheinbar so einfache chemische Gleichung der Kohlensäure-Assimilation $H_2CO_3 \rightarrow CH_2O + O_2$ trägt den tatsächlich viel komplizierteren Reaktionsverhältnissen keineswegs Rechnung. Sie gibt nur das Ausgangsmaterial, die Kohlensäure der Luft und die Endprodukte, Kohlehydrat und Sauerstoff, an. Das Wichtigste an der Photosynthese ist indessen der dazu notwendige Energieaufwand, *die Transformation des absorbierten Lichtes in chemische Energie*, die nur durch ein kompliziertes System, in dem das Chlorophyll sicher die Hauptrolle spielt, sich vollziehen kann. In dieser Hinsicht ist der Vorgang einzigartig und man mußte, wollte man an dieses Problem herangehen, zum vornherein mit größten Schwierigkeiten und Mißerfolgen rechnen. Es ist uns denn auch nicht gelungen, das ferne Ziel zu erreichen, nämlich die Reduktion der Kohlensäure mit Licht als Energiequelle und Chlorophyll als Energieüberträger außerhalb der lebenden Zelle zu vollziehen, doch haben unsere Untersuchungen manche Vorbedingungen für das Zustandekommen des Assimilationsvorganges im Blatt aufgedeckt und gezeigt, daß außer dem Chlorophyll noch andere Faktoren dabei eine ausschlaggebende Rolle spielen. Von den Ergebnissen unserer jahrelangen Untersuchungen über die Assimilation der Kohlensäure, die während des Krieges in Berlin und München entstanden und in Buchform (Berlin 1918) veröffentlicht worden sind, möchte ich die wichtigsten Punkte herausgreifen.

Entgegen der früheren Ansicht, daß das Chlorophyll im Blatt während der Assimilation fortwährend zerstört und neu gebildet werde, konnten wir zeigen, daß keine auch noch so sehr gesteigerte Assimilationstätigkeit den Chlorophyllgehalt des Blattes irgendwie zu beeinflussen vermag, auch nicht das Verhältnis von Chlorophyll a zu Chlorophyll b. Wir hatten durch starke künstliche Lichtquellen, bis 3000 Kerzen in 15 cm Abstand, die Sonnenintensität weit übertroffen, den Kohlensäuregehalt verhundertfacht und die Temperatur und Feuchtigkeit optimal gestaltet und mit abgeschnittenen lebenden Blättern in einer Glaskammer Assimilationsleistungen erhalten, die gegenüber den natürlichen mehr als verzehnfacht waren. Wir konnten beispielsweise das Trockengewicht eines Primelblattes in 24 Stunden verdoppeln und die Blätter so ermüden, daß die Assimilation schließlich stark zurückging, aber der Chlorophyllgehalt und das Verhältnis von Chlorophyll a zu Chlorophyll b blieb konstant, der Farbstoff blieb unversehrt, und was sehr wichtig ist, auch das Verhältnis von entbundenem Sauerstoff zu absorbierter Kohlensäure scharf und unverrückbar 1. Es tritt also keine Zwischenstufe der Reduktion zwischen CO_2 und Formaldehyd in größerer Menge frei auf. Eine Ausnahme machten hierin Kakteen, die nach Verdunkelung am Licht zunächst mehr Sauerstoff ausschieden, als sie Kohlensäure absorbierten. Diese Succulenten sind wegen des Wassermangels an ihrem Standort darauf angewiesen, eine möglichst geringe Verdunstungsfläche auszubilden. Das ist für die Kohlensäureaufnahme aus der Luft von großem Nachteil. Während der Nacht bildet die Pflanze durch Atmung Kohlensäure, die bei Laubblättern in die Luft entweicht. Die Kakteen arbeiten in dieser Hinsicht ökonomischer, sie speichern die Atmungskohlensäure auf und verarbeiten sie nach Tagesanbruch zusammen mit atmosphärischer Kohlensäure, so daß ein Plus von Sauerstoff bis über das Doppelte resultiert. Das Verhältnis von abgegebenem Sauerstoff zu aufgenommener Kohlensäure nähert sich im Laufe des Tages immer mehr der Zahl 1.

Wir haben also unter verschiedensten Bedingungen bewiesen, daß die erste Stufe der Kohlensäureassimilation die ist, die diesem Volumenverhältnis von Sauerstoff zu Kohlensäure $\frac{O_2}{CO_2} = 1$ entspricht, und das ist eben die Formaldehydstufe. Das Blatt und auch noch die tote Blattsubstanz besitzt nach unseren Versuchen eine auffallende Fähigkeit, trotz der im allgemeinen sauren Reaktion des pflanzlichen Zellsafts, Kohlensäure aus der Luft begierig aufzunehmen. Es existiert offenbar ein Apparat, der die Kohlensäure als solche oder eine Kohlensäureverbindung dem Chlorophyll in bereits ziemlich hoher Konzentration zuführt. In dem Chloroplasten findet sich das Chlorophyll, sei es gebunden oder adsorbiert oder frei in wässerigem Medium vor, und zwar so fein verteilt, daß es wie eine molekulare Lösung zu fluorescieren vermag. Es ist bisher nicht gelungen, eine so fein verteilte und fluorescierende wässerige Lösung von reinem Chlorophyll künstlich herzustellen. Wir konnten jedoch zeigen, daß reines Chlorophyll in wässerig kolloider Lösung von hohem Dispersitätsgrad, wenn es auch nicht fluoresciert, doch imstande ist, mit Kohlensäure eine Additionsverbindung einzugehen. Das Magnesium wird dabei leicht durch die so schwache Kohlensäure herausgespalten, doch gelingt es unter gewissen Bedingungen, das Magnesium im Chlorophyll zu erhalten und die Kohlensäure quantitativ wieder zurückzugewinnen. Es ist damit gezeigt, daß sich Kohlensäure an Chlorophyll anlagern kann, ohne daß dieses zerstört wird. Setzt man indessen kolloidales Chlorophyll in kohlensäurehaltiger Atmosphäre dem Licht aus, so wird der Farbstoff sehr bald zerstört, und es gelang unter keinen noch so sehr variierten Versuchsbedingungen, Formaldehyd oder sonst ein Reduktionsprodukt der Kohlensäure nachzuweisen. Unser System war offenbar noch mangelhaft.

Wir haben gefunden, daß das Verhältnis zwischen Chlorophyllgehalt und assimilatorischer Leistung der Blätter außerordentlich schwankt. Noch schön grüne Blätter zeigen im Herbst manchmal eine nur sehr geringe Assimilation, während Goldholunderblätter mit nur Spuren von Chlorophyll, wenn genügend Licht vorhanden ist, eine fast ebenso große assimilatorische Leistung aufweisen wie dunkelgrüne Blätter. Rein photochemische Reaktionen sind von der Temperatur praktisch unabhängig, während die Assimilation stark von der Temperatur abhängt und z. B. bei 0° wie die meisten Lebensvorgänge gänzlich versiegt. Aus diesen und anderen Tatsachen zogen wir den Schluß, daß außer Chlorophyll an der Assimilation im Blatt noch ein anderes wichtiges Agens von enzymatischer Natur beteiligt sei, dem die Aufgabe zufalle, aus dem unter Energieverbrauch gebildeten, peroxydisch umgelagerten Zwischenprodukt der Kohlensäure den Sauerstoff abzuspalten. Die folgende Formulierung zeigt, wie wir uns die peroxydische Umlagerung und die Abspaltung von Sauerstoff etwa dachten, wobei vom Chlorophyll der Einfachheit halber nur das Magnesium und seine Bindungen schematisch dargestellt sind.

$$\left\{\begin{matrix}\!\!>\!\!N\!\!\diagdown\\ \cdots\cdots\cdots\\ \!\!>\!\!NH\end{matrix}Mg\!-\!O\!-\!C\!\!\diagup\!\!\begin{matrix}O\\ OH\end{matrix}\right\} \rightarrow \left\{\begin{matrix}\!\!>\!\!N\!\!\diagdown\\ \cdots\cdots\cdots\\ \!\!>\!\!NH\end{matrix}Mg\!-\!O\!-\!C\!\!\diagup\!\!\begin{matrix}O\\ \vdots\\ H\end{matrix}\!\!\diagdown\!\!O\right\} \rightarrow$$

Kohlensäureverbindung des Chlorophylls — Chlorophyll-Formaldehydperoxyd

$$\rightarrow \left\{\begin{matrix}\!\!>\!\!N\!\!\diagdown\\ \cdots\cdots\cdots\\ \!\!>\!\!NH\end{matrix}Mg\!-\!O\!-\!C=O+\tfrac{1}{2}O_2\right\} \rightarrow \left\{\begin{matrix}\!\!>\!\!N\!\!\diagdown\\ \cdots\cdots\cdots\\ \!\!>\!\!N\end{matrix}Mg+H_2C\!\!\diagup\!\!\begin{matrix}O\\ \vdots\\ O\end{matrix}\right\} \rightarrow$$

Chlorophyllameisensäureverbindung — Chlorophyll

$$\rightarrow \left\{\begin{matrix}\!\!>\!\!N\!\!\diagdown\\ \cdots\cdots\cdots\\ \!\!>\!\!N\end{matrix}Mg + CH_2O + \tfrac{1}{2}O_2\right.$$

Chlorophyll Formaldehyd

Der Sauerstoff der Kohlensäure sollte also in zwei Stufen unter dem Einfluß eines peroxydspaltenden Enzyms abgespalten werden. Wir werden später sehen, daß ich die Vorstellung von der Abspaltung des Sauerstoffs auf Grund neuester experimenteller Befunde einer Revision unterzogen habe. Daß das Chlorophyll im Blatt bei stärkster Belichtung und in Anwesenheit von nascierendem Sauerstoff intakt bleibt, während der isolierte Farbstoff gegen Licht und chemische Einflüsse äußerst empfindlich ist, zeugt von einer wundervollen Vorrichtung zum Schutz des Chlorophylls im Chloroplasten. Vielleicht spielen die gelben Blattpigmente, Carotin und Xanthophyll, die stets mit Chlorophyll im Blatt vorkommen und über deren Funktion beim Assimilationsvorgang man gar nichts weiß, bei der Schutzvorrichtung vor oxydativer Zerstörung des Chlorophylls als ,,Antioxygene" eine Rolle.

Wir haben es an Versuchen nicht fehlen lassen, kolloidales Chlorophyll dem Licht bei Gegenwart von Kohlensäure und eines Oxydationsenzyms, einer Peroxydase auszusetzen. Die Peroxydase sollte den peroxydisch gewordenen Sauerstoff auf leicht oxydable Substanzen wie Pyrogallol übertragen, aber auch dieser Versuch war negativ infolge der Unbeständigkeit des Chlorophylls am Licht.

Durch die Herstellung eines hoch gereinigten Peroxydasepräparates, wie es für diese Versuche notwendig war, waren wir neuerdings in das Enzymgebiet hereingeraten, das WILLSTÄTTER und seine Schüler zuerst beim Studium der Chlorophyllase und dann der Katalase betreten hatten und das von WILLSTÄTTERS Schule von 1917 an als eines ihrer hauptsächlichsten Arbeitsgebiete gepflegt wurde. Noch heute gelangt der jetzt in Zurückgezogenheit lebende Forscher beim Studium der Enzyme der Leukocyten und der tierischen Organe zu neuartigen Ergebnissen, besonders im Hinblick auf die Spezifität der Enzyme und ihre Bindung in der Zellsubstanz.

An dem Beispiel der Peroxydase, wie schon beim Chlorophyll und bei den Assimilationsversuchen, lernten wir mit empfindlichen Naturstoffen sorgfältig umgehen. Als ich vor 15 Jahren in die Chemische Fabrik vorm. Sandoz in Basel eintrat und mit der Schaffung einer pharmazeutischen Abteilung betraut wurde, da stellte ich mir zur Aufgabe, die schonenden Isolierungsmethoden auf empfindliche Naturstoffe pharmazeutischer Drogen anzuwenden und noch weiter auszubauen. Ich erkannte beim Studium der Literatur bald, daß man in der pharmazeutischen Chemie die hochmolekularen, wirksamen Stoffe oftmals mit viel zu groben Mitteln, wie starke Säuren und Laugen, behandelt hatte. Andererseits nahm man nicht genügend Rücksicht auf die Möglichkeit von enzymatischen Veränderungen beim Aufbewahren oder bei der Extraktion der Ausgangsdrogen. Die natürlichen Drogen enthalten in der Regel, je frischer sie sind, um so eher hydrolytische und oxydative Fermente, auf die zu achten war. Außerdem war es naheliegend, gerade die natürliche Zellsubstanz als Schutzmittel für die empfindlichen Stoffe zu verwenden. Natürliche Zellsubstanz ist von *amphoterer* Natur, sie vermag große Mengen von Säuren und von Alkalien zu schlucken, ohne die chemische Reaktion, die Wasserstoffionenkonzentration, stark zu ändern. Ich versuchte also empfindliche Stoffe, soweit wie möglich, von Beimischungen zu befreien, solange sie noch unter der Pufferwirkung der natürlichen Zellsubstanz standen.

Als erstes Beispiel wählte ich das Mutterkorn. A. TSCHIRCH in Bern bezeichnete 1917 in seiner Arbeit „Hundert Jahre Mutterkornforschung" die bisherigen Ergebnisse als äußerst verworren. Die früher mehr oder weniger rein aufgefundenen Mutterkornalkaloide wurden vielfach als unerwünschte Gifte bezeichnet, von denen man die Mutterkornpräparate befreien müßte. Man hatte seit 10 Jahren sich immer mehr einfachen Eiweißabbauprodukten, den biogenen Aminen, zugewandt und betrachtete diese als die therapeutisch wirksamen Stoffe der Mutterkornextrakte. Die Pharmakopöen gaben Vorschriften darüber, wie man die Alkaloide aus Mutterkornpräparaten entfernen soll. Die Verworrenheit auf dem Gebiet war einmal der großen Neigung zur Selbstzersetzung der Mutterkorndroge und andererseits der gegenüber empfindlichen Stoffen viel zu groben Arbeitsweise der Chemiker zuzuschreiben.

Das Mutterkorn besteht bekanntlich aus dem Dauermycelium, den sog. Sklerotien des Fadenpilzes, Claviceps purpurea, der sich besonders auf dem Roggen, durch Infektion während der Blüte, an Stelle von Roggenkörnern bildet. Die Sklerotien leben und äußern ihren charakteristischen Stoffwechsel, der unter Ausschluß von Feuchtigkeit allerdings stark herabgesetzt werden kann. Feucht aufbewahrtes Mutterkorn verliert dagegen seine Wirksamkeit schon in weniger als Jahresfrist.

Diese Erfahrungen, zusammen mit Überlegungen auf medizinischem Gebiet, führten zu meiner Arbeitshypothese, daß der wirksame Stoff des Mutterkorns eine sehr empfindliche, vor allem leicht oxydable, hochmolekulare Substanz wahrscheinlich alkaloidischer Natur sein müßte. Die Droge wurde in möglichst frischem Zustand fein gemahlen, mit sauren Reagenzien, wie z. B. Aluminiumsulfat, angesäuert, um so das zunächst hypothetische Alkaloid in der Zellsubstanz zu fixieren. Durch Lösungsmittel wie Benzol und Äther gelang es, die große Menge von fetten Ölen und anderen Begleitsubstanzen, die zusammen mehr als ein Drittel der Droge ausmachen, zu entfernen, ohne daß basische Stoffe, wie Alkaloide, verlorengingen. Nach der erschöpfenden Vorextraktion kehrte man die Reaktion der Zellsubstanz z. B. durch Behandeln mit gasförmigem Ammoniak schwach nach alkalisch um. Die Behandlung der Droge mit dem gleichen Lösungsmittel extrahierte nun die Alkaloidsubstanz in fast reiner Form. Aus dem eingedampften Extrakt schied sich das neue Alkaloid bereits krystallin ab und konnte durch Umkrystallisieren aus wasserhaltigem Aceton in schönen prismatischen Krystallen gewonnen werden (siehe Abb. 1 der Tafel III).

Wegleitend für diese Untersuchung, die in wenigen Monaten zum Ziel führte, war eine schöne Farbreaktion, die sog. KELLERsche Reaktion, die für Mutterkornalkaloide charakteristisch ist und die ich etwas modifizierte.

Man löst Bruchteile eines Milligramms der Substanz oder einen Rückstand, den man auf Mutterkornalkaloide prüfen will, im Reagensglas in einigen Kubikzentimetern Eisessig, der einige Tropfen Essigester enthält, auf, fügt ein Tröpfchen einer verdünnten wässerigen Ferrichloridlösung hinzu und unterschichtet mit konzentrierter Schwefelsäure; es tritt an der Grenzschicht alsbald eine kornblumenblaue Farbe auf, die sich beim Durchmischen auf die ganze Flüssigkeit ausdehnt und weniger als 0,1 mg noch anzeigt.

Das neue Alkaloid, dem ich den Namen *Ergotamin* ($C_{33}H_{35}O_5N_5$) gab und das nur zu 0,1 bis 2 g im Kilo Mutterkorn vorkommt, lag nun in reiner und krystallisierter Form vor, es erwies sich als äußerst empfindlich gegen Licht, Luftsauerstoff, Säuren, Alkalien und mußte unter Vermeidung dieser Faktoren technisch verarbeitet werden. Die erste Prüfung am Tier, d. h. am isolierten überlebenden Uterus, die auswärts vollzogen wurde, gab negative Resultate. Das Produkt sei nur sehr schwach wirksam, hieß es. Ich hegte Zweifel über die Richtigkeit dieses Bescheides, führte die Versuche selbst aus und fand, daß Ergotamin noch in einer Verdünnung von 1 : 2 000 000 auf die glatte Muskulatur des Meerschweinchenuterus kontrahierend wirkte. E. ROTHLIN, der die pharmakodynamischen Eigenschaften des Ergotamins in umfassenden Arbeiten aufs gründlichste studierte, fand später das Alkaloid an der isolierten Samenblase des Meerschweinchens in einer Verdünnung von 1 : 500 Millionen noch wirksam. Man mußte dem hochmolekularen und daher langsam diffundierenden Körper nur Zeit lassen, bis er in das Organ eingedrungen war, dann entfaltete er seine Wirkung während vieler Stunden auf das überlebende Organ und konnte daraus nicht mehr ausgewaschen werden. Die lang anhaltende kontrahierende Wirkung auf den Uterus, die zur Bekämpfung der Verblutungsgefahr und zur Förderung der Rückbildung nach der Geburt so wichtig ist, war dem Stoffe eigen; aber es waren noch jahrelang Schwierigkeiten, besonders der Dosierung, zu überwinden, da das neue Präparat eine ungewohnt hohe Wirksamkeit besaß. Bis das Ergotamin von klinischer Seite anerkannt und gebraucht wurde, ging die wissenschaftliche Meinung über die wirksamen Stoffe des Mutterkorns in ganz anderer Richtung, und in vielen Ländern war das Mutterkorn wegen seiner unzuverlässigen Wirkung überhaupt vollständig in Mißkredit geraten. Es dauerte fast 10 Jahre nach der Entdeckung des Ergotamins, bis man ihm und nun auch dem schon 1906 entdeckten gleichartig wirkenden Ergotoxin die Hauptrolle bei der Mutterkornwirkung zuschrieb. Heute existieren mehr als tausend experimentelle und klinische Arbeiten, die die hohe Wirksamkeit des Ergotamins in verschiedenen Richtungen bestätigen und für wissenschaftliche und praktisch-klinische Zwecke benutzen. Die neuen Auflagen der Arzneibücher aller Länder schreiben vor, daß Mutterkornpräparate nach ihrem Alkaloidgehalt bewertet werden müssen, und Ergotamin wurde für diese Bewertung von der Standardisierungskommission des Völkerbundes als Standardsubstanz herangezogen. Die Präparate, die auf Grund der reinen Substanz zur medizinischen Verwendung gelangen, lassen auch in schweren Fällen nicht im Stich; das reine Ergotamin bzw. seine Handelsform, das *„Gynergen Sandoz"*, war schon vielfach lebensrettend. Die genaue Dosierbarkeit der reinen Substanz hat es aber auch ermöglicht, außerhalb der Geburtshilfe und Gynäkologie auf dem

Gebiete nervöser Störungen interessante neue Anwendungen zu finden. Durch die selektiv hemmende Wirkung auf das sympathische Nervensystem sind die Mutterkornalkaloide zu ausgesprochenen Antagonisten des Nebennierenhormons Adrenalin geworden; sie dämpfen die Übererregbarkeit, wie sie bei Basedowscher Krankheit durch die zu große Inkretion des Schilddrüsenhormons zustande kommt, und eine besonders augenfällige Wirkung zeigt sich durch fast momentane Coupierung mancher Migräneanfälle. $^1/_4$ bis $^1/_2$ mg genügen, eingespritzt, sehr oft für eine durchschlagende Wirkung.

Ich habe über die Isolierung und die Einführung des Ergotamins in die Therapie etwas ausführlicher berichtet, um ein Beispiel zu geben für die Anwendung biochemischer Arbeitsmethoden auf die Isolierung eines neuen hochwirksamen und empfindlichen Alkaloids für Heilzwecke. Ohne eine gewisse Erfahrung und Vertrautheit mit biochemischen Problemen wäre die Isolierung von Ergotamin wohl nicht so glatt verlaufen.

Ein anderes Beispiel für die schonende Isolierung empfindlicher Alkaloide sei nur kurz erwähnt. Die Ansicht, daß das Atropin als solches in der Tollkirsche (Atropa belladonna) vorkomme, herrscht heute noch allgemein. Dem ist nun aber nicht so; das optisch inaktive Atropin ist das Racemisierungsprodukt des l-Hyoscyamins, das unter dem Einfluß von freiem Alkali seine optische Aktivität leicht verliert. Isoliert man aus Folia belladonnae oder auch Extractum belladonnae die Alkaloidsubstanz unter Anwendung der oben beschriebenen schonenden Methode, d. h. unter Verwendung amphoterer Zellsubstanz als Schutzmittel gegen Säuren und Laugen, so erhält man keine Spur Atropin, sondern an dessen Stelle das wohl gleich toxische, aber therapeutisch doppelt so wirksame l-Hyoscyamin. Das Atropin ist also ein Kunstprodukt. Das aus Tollkirschenblättern nach der schonenden Methode dargestellte Alkaloidpräparat, das *„Bellafolin Sandoz"*, findet auf dem großen Indikationsgebiet der Belladonna besonders in der internen Medizin als genau dosierbares und relativ wenig toxisches Präparat ausgedehnte Verwendung.

Die schonende Methode zur Isolierung von Naturstoffen kann natürlich nur dann Erfolg versprechen, d. h. zu etwas Neuem führen, wenn leicht zersetzliche Substanzen in Frage kommen. Zu diesen gehören unzweifelhaft manche Glykoside, besonders die sog. Herzglykoside, die Digitalisstoffe, die bei der Behandlung der Herzinsuffizienz zu den wichtigsten Arzneimitteln gehören. Merkwürdigerweise erlebten wir bei der Bearbeitung des Digitalisgebietes mit den neuen Methoden anfangs Mißerfolge. Es ist nämlich nicht gesagt, daß die Stoffe in ihrer ursprünglichen Form besonders leicht und schön krystallisieren, wie es beim Ergotamin der Fall war; natürliches Chlorophyll krystallisiert infolge seines Phytolgehaltes gar nicht und wird erst krystallisierbar, wenn das Molekül kleiner wird. Wie wir heute wissen, beruhen unsere anfänglichen Mißerfolge, aus Digitalisblättern krystallisierte Glykoside zu gewinnen, darauf, daß wir *zu schonend* arbeiteten und den spaltenden Agenzien keine Zeit ließen, das Molekül zu verkleinern und krystallisierbar zu machen.

Eine schon vor mehr als 10 Jahren gemeinsam mit E. SUTER begonnene und später mit W. KREIS fortgeführte Untersuchung über die wirksamen Stoffe der Meerzwiebel führte rascher zu krystallisierten Substanzen.

Die Meerzwiebel (Scilla maritima) wächst an den Mittelmeerküsten und wurde schon von den alten Ägyptern und Griechen als Heilmittel besonders gegen Wassersucht geschätzt, so daß die Griechen ihr sogar einen Tempel weihten. Die Droge soll schon in einem ärztlichen Rezept, das in dem 3500 Jahre alten Papyrus Ebers aufgeführt ist, enthalten sein (siehe Tafel I); die älteste und sehr anschauliche Zeichnung findet sich in einer Dioskurides-Handschrift aus dem 6. Jahrhundert n. Chr. (siehe Tafel II). In neuerer Zeit vernachlässigte man die Meerzwiebel mehr und mehr und benützte sie hauptsächlich als Rattengift, weil man sie nicht als zuverlässiges Heilmittel verwenden konnte; ihre Wirkung war je nach der Qualität der Droge zu schwankend. Die Aufgabe, reine und konstant dosierbare, wirksame Stoffe daraus herzustellen, war daher dringend, sollte dieses alte Heilmittel nicht dauernd aus dem Arzneischatz der modernen Medizin verschwinden. Unsere Versuche führten unter Verwendung der getrockneten Droge des Handels anfänglich zu ganz undefinierbaren, wenig wirksamen Präparaten, die nicht besser waren als was von anderen Autoren früher oder später beschrieben wurde. Beim Trocknen und Lagern der Meerzwiebelsubstanz waren, so sagten wir uns, die ursprünglich vorhandenen Stoffe bereits weitgehend abgebaut worden. Wir arbeiteten von da an nur noch mit frischen Meerzwiebeln und gelangten bald zu schön krystallisierten und hochwirksamen Präparaten. Eine physiologische Kontrolle über die fortschreitende Reinigung des aktiven Prinzips ist natürlich besonders dann unerläßlich, wenn man wie in dem Fall der Meerzwiebel noch gar keine chemischen Reaktionen der ja noch unbekannten wirksamen Substanz kennt. Als Test diente uns bei dieser Untersuchung die mit der Reinheit steigende Toxizität der Präparate am Frosch. Ein 40stel Milligramm von reinem Scillaglykosid vermag einen Frosch von 30 g Gewicht durch Herzstillstand zu töten. Später gab uns eine inzwischen entdeckte, sehr schöne, erst carminrote, dann smaragdgrüne Farbreaktion, die sog. LIEBERMANNsche Cholesterinreaktion mit Schwefelsäure und Essigsäureanhydrid, Anhaltspunkte über den Reinheitsgrad der Präparate. Die Hauptmenge der Herzglykoside der Meerzwiebel krystallisiert in Form der von uns mit *Scillaren A* bezeichneten Substanz, die aus einem zuckerfreien Spaltling, dem *Scillaridin A* (Abb. 2 der Tafel III) und einer Biose, der *Scillabiose*, besteht. Die Scillabiose setzt sich aus 1 Mol. Rhamnose und 1 Mol. Glykose

Tafel I.

Die früheste Erwähnung der Meerzwiebel bei Herzkrankheiten findet sich laut obiger Abbildung im Papyrus Ebers aus dem 16. Jahrhundert v. Chr. Nach der Übersetzung steht hier folgendes Rezept:

Ein anderes Krankheiten am Herzen zu vertreiben
Dattelmehl $1/4$
Meerzwiebeln $1/32$
amamu-Pflanze $1/3$
Süßes Bier $1/3$ dena
tehebu-Baum $1/2$
kochen, durchseihen und 4 Tage einnehmen.

Verlag von Julius Springer in Berlin.

Tafel II.

Das älteste Bild der Scilla maritima stammt aus einer Dioskurides-Handschrift aus dem Beginn des 6. Jahrhunderts.

Verlag von Julius Springer in Berlin.

zusammen. Die Tabelle I gibt Aufschluß über die Zusammensetzung und die Spaltungsgleichung von Scillaren A:

Tabelle I. Spaltungsgleichung von Scillaren A.

$$\underset{\text{Scillaren A}}{C_{37}H_{52}O_{12}(.H_2O)} \xrightarrow[\text{mit Säure}]{\text{Hydrolyse}} \underset{\text{Scillaridin A}}{C_{25}H_{32}O_3} + \underset{\text{Scillabiose}}{C_{12}H_{22}O_{10}}$$

$$\downarrow + H_2O$$

$$\underset{\text{Glykose}}{C_6H_{12}O_6} + \underset{\text{Rhamnose}}{C_6H_{12}O_5}$$

Die Krystalle von Scillaren A aus Methanol finden sich abgebildet in Abb. 3 der Tafel III. Auf die chemischen Eigenschaften dieser Substanzen und auf die Anwendung in der Herztherapie kann ich im Rahmen dieser Übersicht nicht eingehen und möchte nur noch von einer sehr interessanten Beobachtung berichten, die wir bei der Isolierung von Scillaren A machten und die den Schlüssel bildete für unsere Untersuchungen der genuinen Herzglykoside der Digitalisarten. Überläßt man nämlich die zerkleinerte frische Meerzwiebelsubstanz vor der Extraktion einige Zeit sich selbst und extrahiert dann die Glykoside, so erhält man ein besonders leicht und schön krystallisierendes Produkt, das anfangs für Scillaren A gehalten wurde. Es zeigte sich aber bald, daß es zuckerärmer war. Bei der lang dauernden Extraktion wurde aus Scillaren A 1 Mol. Glykose abgespalten, und zwar durch ein glykolytisches Enzym, die *Scillarenase*, die wir sogar aus den Zellen herausnehmen konnten, um gemeinsam mit A. HOFMANN an einem konzentrierteren Präparat die Enzymnatur, wie Hitzeempfindlichkeit, Abhängigkeit von der Wasserstoffionenkonzentration usw., einwandfrei zu beweisen. Es gelingt auch, ausgehend von krystallisiertem Scillaren A, mit einem solchen Enzympräparat die glykoseärmere Substanz, das *Proscillaridin A* (Abb. 4 der Tafel III), herzustellen und die abgespaltene Glykose in der Lösung einwandfrei zu definieren.

Die Scillarenase ermöglicht also eine stufenweise Zuckerabspaltung, während die Hydrolyse mit Säure den ganzen Zuckerrest als Biose auf einmal von dem zuckerfreien Spaltling, dem Aglykon oder Genin, ablöst.

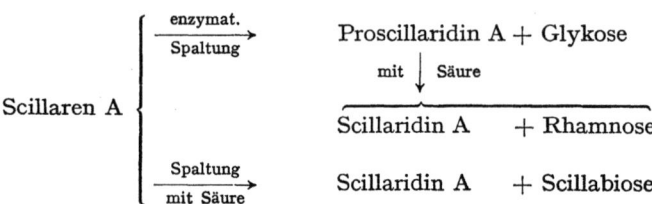

Das Enzym löst die Bindung, die gegenüber chemischen Mitteln die resistentere ist und dokumentiert so eine Eigenart enzymatischer Reaktionsweise.

Das Scillaren A macht etwa zwei Drittel des Gesamtglykosidgehaltes frischer Meerzwiebel aus. Der davon deutlich verschiedene Rest, das Scillaren B, ist noch wirksamer als A und leichter löslich, konnte indessen bisher noch nicht krystallisiert erhalten werden und ist, obwohl frei von Ballastsubstanzen, wahrscheinlich nicht einheitlich.

Die Erfahrungen bei der Meerzwiebel wurden richtunggebend für die gemeinsam mit W. KREIS inzwischen wieder aufgenommenen Untersuchungen über Digitalisglykoside. Auf Grund von Vorversuchen hegten wir Zweifel, ob die bisher bekannten Digitalisglykoside, wie Digitoxin, Gitalin und Gitoxin, den im Fingerhut ursprünglich vorhandenen Glykosiden entsprechen.

Die ersten krystallisierten Digitalisglykoside wurden vor beinahe hundert Jahren gewonnen, doch wurde das erste einheitliche Glykosid, das Digitoxin, erst 1920 von M. CLOETTA exakt beschrieben, während die mehr oder weniger abschließenden Untersuchungen über Gitalin und Gitoxin von A. WINDAUS und von M. CLOETTA erst vor etwa 6 Jahren publiziert wurden. Man betrachtete bis vor kurzem diese Glykoside wie auch das

Tafel III.

Abb. 1. Ergotamin (aus wasserhaltigem Aceton).

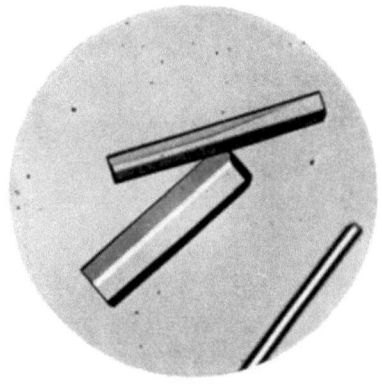

Abb. 2. Scillaridin A (aus absolutem Äthylalkohol).

Abb. 3. Scillaren A (aus wasserhaltigem Methylalkohol).

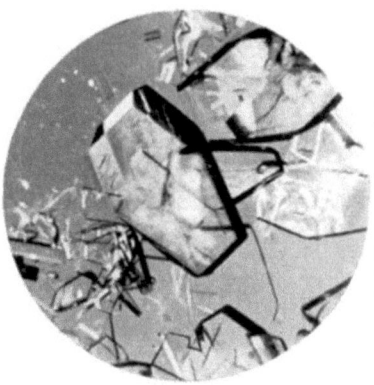

Abb. 4. Proscillaridin A (aus Methylalkohol).

Verlag von Julius Springer in Berlin.

erst 1930 von A. SMITH aus Digitalis lanata isolierte Digoxin und das aus der gleichen Droge von C. MANNICH dargestellte Lanadigin als genuine, d. h. in der Pflanze ursprünglich vorkommende Glykoside. Sie haben als solche oder in Mischung mit noch weniger definierten Präparaten in der Herztherapie eine ausgedehnte und segensreiche Verwendung gefunden.

Als wir das Verfahren zur Reindarstellung von Scillaglykosiden auf die Digitalis purpurea übertrugen, erhielten wir zu unserer Überraschung kein Digitoxin. Erst als man die Extraktion langsam, d. h. nach der alten Methode, ausführte, wurde krystallisiertes Digitoxin erhalten. Inzwischen wurden wir durch den Drogenhandel auf eine besonders glykosidreiche Fingerhutart, die Digitalis lanata, die in Ungarn vorkommt, aber angepflanzt auch bei uns gedeihen soll, aufmerksam gemacht, und wir haben unsere Untersuchungen mit dieser Droge fortgesetzt. Bei raschem und schonendem Arbeiten, das enzymatische Reaktionen ausschloß, erhielten wir aus der Lanata-Droge ein schön krystallisiertes Glykosidpräparat (Abb. 1, Tafel IV), das wir mit *Digilanid* bezeichneten. Es gelang, das Präparat, das vollständig einheitlich schien und sich durch Krystallisation nicht veränderte, durch fein ausgebildete Entmischungsverfahren in drei Komponenten zu zerlegen, in die Digilanide A, B und C, die genau gleich krystallisierten (Abb. 2, 3, 4, Tafel IV) und in dem ursprünglichen Präparat als isomorphe Krystallisation vorlagen. Die isomorphe Krystallisation ist offenbar bedingt durch die Gleichartigkeit der Zuckerkomponenten. Die neuen Glykoside zeichnen sich durch einen besonders hohen Zuckergehalt aus, es sind mit den Geninen, d. h. den zuckerfreien Spaltlingen, die gleichen vier Zuckerreste, nämlich 3 Mol. Digitoxose und 1 Mol. Glykose verbunden. Als gemeinsames Merkmal enthalten sie ferner noch eine Acetylgruppe. Die zuckerfreien Spaltlinge sind freilich verschieden und stellen zufälligerweise gerade die drei bisher aus Digitalisglykosiden isolierten und bekannt gewordenen Aglykone dar, das Digitoxigenin, das Gitoxigenin und das Digoxigenin.

Ich würde den Leser gerne mit diesen komplizierten und weitgehend spezialisierten Dingen verschonen, doch dienen sie als Grundlage für das Verständnis der folgenden interessanten biochemischen Beobachtungen: Setzt man nämlich die Glykoside der Digitalis lanata der Zellsubstanz dieser Pflanze längere Zeit aus, so wird bei allen drei Glykosiden 1 Mol. Glykose abgespalten und man erhält drei neue, um 1 Mol. Glykose ärmere, ebenfalls schön krystallisierte und hoch wirksame Glykoside. Die Acetylgruppe bleibt erhalten, sie kann mit milden chemischen Mitteln ohne Schädigung des übrigen Moleküls ebenfalls entfernt werden, wodurch man wiederum zu drei krystallisierten Glykosiden gelangt, die nun freilich alle bekannt sind; z. B. ist das Derivat des Digilanids A identisch mit dem Digitoxin aus Dig. purpurea. Setzt man das ursprüngliche Lanataglykosid A der Zellsubstanz von Digitalis purpurea aus, so tritt keine Spaltung ein, bevor wir die Acetylgruppe abspalten; erst nach der gelinden alkalischen Verseifung derselben wird durch die Einwirkung der Purpureablattsubstanz glatt Digitoxin gewonnen. Diese Tatsache steht im Einklang mit unserer Beobachtung, daß die Glykoside aus der Digitalis purpurea keine Acetylgruppe enthalten und daß das genuine Purpureaglykosid A durch Purpureablattsubstanz ohne Schwierigkeit in Digitoxin verwandelt werden kann. Digitoxin ist also kein ursprüngliches Glykosid, wie bisher angenommen wurde, sondern ein sekundäres Produkt und durch enzymatischen Abbau entstanden. Wir ziehen aus diesen Beobachtungen den Schluß, daß in der Digitalis purpurea ein Enzym, die *„Digipurpidase"*, vorkommt, das zwar die Glykoside der Purpurea zu spalten vermag, nicht aber die Glykoside der Lanata, bzw. diese erst dann, wenn die Acetylgruppe, die den Lanataglykosiden eigen ist, chemisch entfernt wird. Andererseits vermag das in der Dig.

Tafel IV.

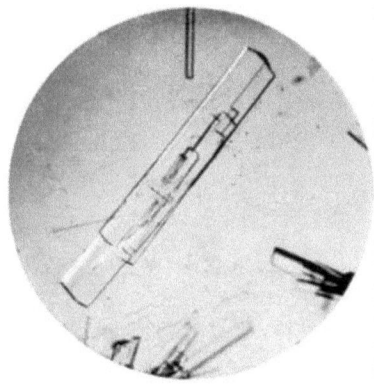

Abb. 1. Digilanid (aus Methylalkohol).

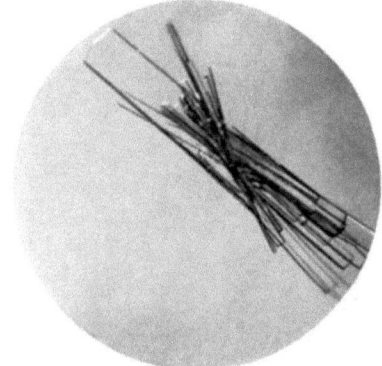

Abb. 2. Digilanid A (aus Methylalkohol).

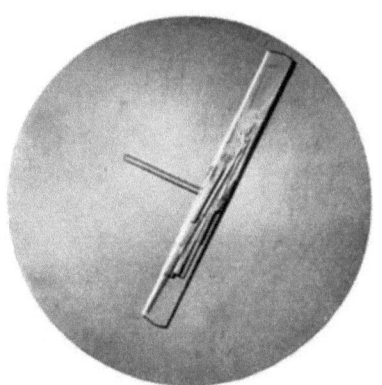

Abb. 3. Digilanid B (aus Methylalkohol).

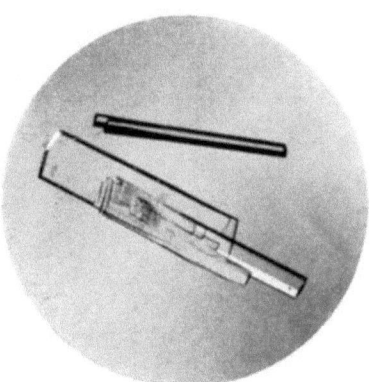

Abb. 4. Digilanid C (aus Methylalkohol).

Verlag von Julius Springer in Berlin.

lanata vorhandene Enzym, die „*Digilanidase*", die acetylfreien Purpureaglykoside nicht anzugreifen. Die Digilanidase läßt auch die Glykoside aus der Dig. lanata unberührt, wenn aus ihnen auf mildem chemischem Wege zuvor die Acetylgruppe verseift wurde, d. h. wenn sie den genuinen Glykosiden der Dig. purpurea gleichgemacht wurden. Durch bloße chemische Entacetylierung der Digilanide erhält man drei hochwirksame Glykoside von unvermindertem Zuckergehalt.

Dem Beispiel von A. WINDAUS [Arch. f. exper. Path. u. Pharm. **135**, 257 (1928)] folgend, wurden in nachstehender Tabelle II die als nun bekannt und wohldefiniert angesehenen Fingerhutglykoside, ergänzt um einige Herzglykoside anderer Herkunft, nach Aglykonen und Zuckerstufen zusammengestellt, wobei die durch unsere eigenen Untersuchungen neu hinzugekommenen Substanzen kursiv gedruckt sind. Gleichzeitig gibt die Tabelle die Spaltungsgleichungen bei der vollständigen Hydrolyse mit Säure an. Die Vorsilbe („Lan.") bezeichnet die aus Dig. lanata gewonnenen Präparate.

Tabelle II. Herzwirksame Glykoside, nach Aglykonen und Zuckerstufen geordnet, und ihre Spaltungsgleichungen bei saurer Hydrolyse.

Digilanid A   Digitoxigenin   Digitoxose   Glykose   Essigsäure
$C_{49}H_{76}O_{19}(H_2O) + 5\,(4)\,H_2O = C_{23}H_{34}O_4 + 3\,C_6H_{12}O_4 + C_6H_{12}O_6 + C_2H_4O_2$

Purpureaglykosid A
$C_{47}H_{74}O_{18} \quad + 4\,H_2O \quad = C_{23}H_{34}O_4 + 3\,C_6H_{12}O_4 + C_6H_{12}O_6$

Desacetyl-Digilanid A
$C_{47}H_{74}O_{18} \quad + 4\,H_2O \quad = C_{23}H_{34}O_4 + 3\,C_6H_{12}O_4 + C_6H_{12}O_6$

(*Lan.*) *Acetyl-Digitoxin*
$C_{43}H_{66}O_{14} \quad + 4\,H_2O \quad = C_{23}H_{34}O_4 + 3\,C_6H_{12}O_4 \quad\quad\quad\quad\quad + C_2H_4O_2$

Digitoxin
$C_{41}H_{64}O_{13} \quad + 3\,H_2O \quad = C_{23}H_{34}O_4 + 3\,C_6H_{12}O_4$

Tabelle II (Fortsetzung).

Digilanid B

Gitoxigenin   Digitoxose   Glykose   Essigsäure

$C_{49}H_{76}O_{20} + 5\,H_2O = C_{23}H_{34}O_5 + 3\,C_6H_{12}O_4 + C_6H_{12}O_6 + C_2H_4O_2$

Desacetyl-Digilanid B

$C_{47}H_{74}O_{19} + 4\,H_2O = C_{23}H_{34}O_5 + 3\,C_6H_{12}O_4 + C_6H_{12}O_6$

(Lan.) Acetyl-Gitoxin

$C_{43}H_{66}O_{15} + 4\,H_2O = C_{23}H_{34}O_5 + 3\,C_6H_{12}O_4 \qquad\qquad + C_2H_4O_2$

Gitoxin

$C_{41}H_{64}O_{14} + 3\,H_2O = C_{23}H_{34}O_5 + 3\,C_6H_{12}O_4$

Digitalinum verum   Digitalose

$C_{36}H_{56}O_{14} + 2\,H_2O = C_{23}H_{34}O_5 + C_7H_{14}O_5 \;+ C_6H_{12}O_6$

Oleandrin   Digitalose?

$C_{30}H_{46}O_9 + \;H_2O = C_{23}H_{34}O_5 + C_7H_{14}O_5$

Gitalin   Gitoxigenin-hydrat   Digitoxose

$C_{35}H_{56}O_{12} + 2\,H_2O = C_{23}H_{36}O_6 + 2\,C_6H_{12}O_4$

Digilanid C

Digoxigenin   Digitoxose   Glykose   Essigsäure

$C_{49}H_{76}O_{20} + 5\,H_2O = C_{23}H_{34}O_5 + 3\,C_6H_{12}O_4 + C_6H_{12}O_6 + C_2H_4O_2$

Desacetyl-Digilanid C

$C_{47}H_{74}O_{19} + 4\,H_2O = C_{23}H_{34}O_5 + 3\,C_6H_{12}O_4 + C_6H_{12}O_6$

(Lan.) Acetyl-Digoxin

$C_{43}H_{66}O_{15} + 4\,H_2O = C_{23}H_{34}O_5 + 3\,C_6H_{12}O_4 \qquad\qquad + C_2H_4O_2$

Digoxin

$C_{41}H_{64}O_{14} + 3\,H_2O = C_{23}H_{34}O_5 + 3\,C_6H_{12}O_4$

Lanadigin   Disaccharid

$C_{41}H_{66}O_{17} + \;H_2O = C_{23}H_{34}O_5 + 1\,C_6H_{12}O_4 + C_{12}H_{22}O_9$

k-Strophantin   Strophanthidin   Cymarose   Glykose

$C_{36}H_{54}O_{14} + 2\,H_2O = C_{23}H_{32}O_6 + C_7H_{14}O_4 \;+ C_6H_{12}O_6$

Cymarin

$C_{30}H_{44}O_9 + \;H_2O = C_{23}H_{32}O_6 + C_7H_{14}O_4$

Scillaren A   Scillaridin A   Rhamnose   Glykose

$C_{37}H_{52}O_{12}(H_2O) + 2\,(1)\,H_2O = C_{25}H_{32}O_3 + C_6H_{12}O_5 \;+ C_6H_{12}O_6$

Proscillaridin A

$C_{31}H_{42}O_7(H_2O) + 1\,(0)\,H_2O = C_{25}H_{32}O_3 + C_6H_{12}O_5$

Die Tabelle II zeigt die Mannigfaltigkeit neuer Herzglykoside, wie sie nach neuartigen schonenden Methoden oder durch planmäßigen partiellen Abbau, sei es enzymatisch oder mit milden chemischen Reagenzien, gewonnen wurden. Am Beispiel des Digilanids A als Ausgangssubstanz sollen die möglichen Zwischenstufen bis zur Bildung des Digitoxins schematisch dargestellt werden:

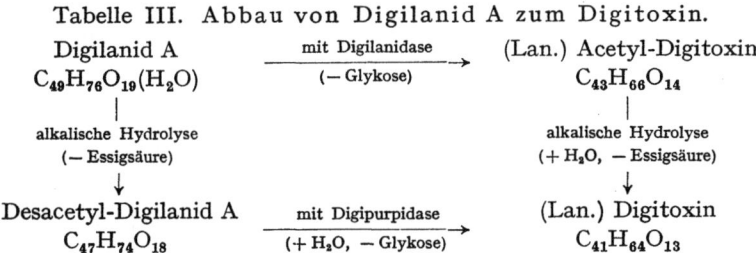

Tabelle III. Abbau von Digilanid A zum Digitoxin.

Digilanid A   mit Digilanidase   (Lan.) Acetyl-Digitoxin
$C_{49}H_{76}O_{19}(H_2O)$ (− Glykose) $C_{43}H_{66}O_{14}$

alkalische Hydrolyse   alkalische Hydrolyse
(− Essigsäure)   (+ H_2O, − Essigsäure)

Desacetyl-Digilanid A   mit Digipurpidase   (Lan.) Digitoxin
$C_{47}H_{74}O_{18}$ (+ H_2O, − Glykose) $C_{41}H_{64}O_{13}$

Zusammenfassend können wir sagen, daß in zwei so ähnlichen Pflanzen wie der Digitalis purpurea und der Digitalis lanata deutlich verschiedene Herzglykoside vorkommen, die zwar in der Hauptsache aus gleichen Bausteinen aufgebaut sind, aber doch solche Verschiedenheiten aufweisen, daß sie zur Spaltung und wohl auch zum Aufbau verschiedene Enzyme benötigen. Diese Ergebnisse liefern einen interessanten Beitrag zur Spezifität der Enzyme, die gerade in jetziger Zeit Gegenstand bedeutender Enzymforschungen ist. In technisch präparativer Hinsicht haben wir die Möglichkeit gewonnen, die Glykoside entweder stufenweise abzubauen oder durch Verhinderung der Enzymwirkung in ihrem genuinen Zustand zu erhalten und die optimalen Verhältnisse für die Therapie zu wählen.

Als konstitutionelle Eigenart wäre noch zu erwähnen, daß die sämtlichen von uns studierten genuinen Glykoside und nach den Untersuchungen von JACOBS in New York auch das Strophanthin 1 Glykosemolekül außen tragen, das durch ein spezifisches Enzym jeweilen leicht abgespalten werden kann.

Diese Spaltung gelingt nur enzymatisch, eine chemische Hydrolyse, z. B. mit verdünnter Säure, spaltet direkt den gesamten Zucker ab, und die Glykose haftet alsdann an einem anderen Zuckermolekül außerordentlich fest, bei den Digitalisglykosiden an Digitoxose in Form der Digilanidobiose gebunden. Die enzymatische und die saure Spaltung greifen an ganz verschiedenen Orten an und dokumentieren, wie schon bei der Spaltung des Scillarens bemerkt, einen bedeutenden qualitativen Unterschied zwischen chemischer und enzymatischer Hydrolyse.

Es kann von Nutzen sein, wenn man auf Grund von Erfahrungen, die man auf neuen Arbeitsgebieten gesammelt hat, zu alten Problemen zurückkehrt. So habe ich denn gemeinsam mit E. WIEDEMANN vor einiger Zeit die Bearbeitung des Chlorophylls wieder aufgenommen.

Durch die glänzenden synthetischen Arbeiten von H. FISCHER in München ist die Kernstruktur des Chlorophylls und des Hämins in den letzten Jahren weitgehend sichergestellt worden; wichtige Abbauprodukte und das Hämin selber wurden synthetisch gewonnen. Wir Chemiker bewundern diese wohl bis jetzt schwierigsten Synthesen der organischen Chemie. H. FISCHER, dessen Arbeiten bekanntlich vor zwei Jahren mit dem Nobelpreis ausgezeichnet wurden, verarbeitet mit einem großen Stab von Mitarbeitern die Chlorophyllsubstanz kiloweise, die für ihn größtenteils technisch hergestellt wird. So mußte es auf den ersten Blick als eine gewisse Vermessenheit erscheinen, wenn ein paar Leute der Technik, wo, zumal in der gegenwärtigen Zeit, manche Schwierigkeiten von wissenschaftlicher Arbeit und Vertiefung abhalten, das schwierige Gebiet erneut betreten, um bei der Aufklärung des noch unbekannten Teils des Chlorophyllmoleküls mitzuwirken. Indessen ist gerade die noch unbekannte Atomgruppe für Chlorophyll charakteristisch. Hämin besitzt sie nicht, und schon nahe Abkömmlinge des

Chlorophylls enthalten sie in verändertem Zustand. Sie ist äußerst empfindlich und verändert sich sehr leicht von selbst und, wie es bis jetzt schien, irreversibel, so daß Chlorophyllderivate von fast gleicher Bruttoformel, von gleichem Spektrum, aber doch mit veränderten chemischen Eigenschaften entstehen. Empfindlich heißt hier reaktionsfähig, und der Biochemiker kann ahnen, daß es gerade der so empfindliche, bisher noch unerforschte Teil des Chlorophyllmoleküls ist, der bei dessen Funktion im Assimilationsvorgang eine wichtige Rolle spielt; die Mitwirkung des anderen sehr empfindlichen Teils, nämlich des komplex gebundenen Magnesiums als der Stelle, wo die Kohlensäure sich mit dem Chlorophyll verbindet und damit Bestandteil des Lichttransformators wird, ist wohl sicher.

Ohne der großen Bedeutung der synthetischen Arbeiten auf dem Chlorophyll- und Hämingebiet Abbruch tun zu wollen, gehe ich wohl nicht fehl in der Annahme, daß die letzten Strukturfeinheiten des Chlorophylls viel eher mit den fein tastenden analytischen Methoden des Biochemikers aufgedeckt werden können als mit der organischen Synthese, die gerade auf dem Chlorophyllgebiet die Stoffe mit manchmal etwas gewalttätigen Mitteln zu Reaktionen zwingt.

H. FISCHER sowie J. B. CONANT haben die im Chlorophyllbuch gegebenen Bruttoformeln von Chlorophyll und seinen nächsten Abkömmlingen vielfach bestritten und ihre Formeln durchwegs um 1 Atom Sauerstoff reicher geschrieben. Das Problem der Resynthese des Chlorophylls, d. h. die Wiedereinführung des Magnesiums mit GRIGNARDS Reagens in magnesiumfreie Derivate des Chlorophylls, die im Chlorophyllbuch beschrieben ist, wurde dementgegen von H. FISCHER vor wenigen Monaten als noch ungelöst bezeichnet. Wir haben die strittigen, schon vor 20 Jahren publizierten Analysen und Reaktionen nachgeprüft und ausnahmslos bestätigen können. Ein großes Hemmnis, das den Weg für die endgültige Konstitutionsermittlung des Chlorophylls nun schon jahrelang versperrte, nämlich das Zuviel von einem Atom Sauerstoff, war dadurch beseitigt, und wir konnten nach Aufklärung der ersten Veränderungen am Chlorophyllmolekül an die Aufstellung der Strukturformeln von Chlorophyll a und von Chlorophyll b herantreten.

Chlorophyll a.   Chlorophyll b.

Die in den Figuren dargestellten Formeln, die den bis heute bekannt gewordenen Tatsachen am besten entsprechen, weisen um das zentral gelegene Magnesiumatom den 16gliedrigen sog. Porphinring auf, der sich aus 4 substituierten Pyrrolen und 4 Methinbrücken zusammensetzt. Eine Propionylseitenkette trägt den einfach ungesättigten Alkohol Phytol ($C_{20}H_{40}O$), der dem natürlichen Chlorophyll seine wachsartige Beschaffenheit verleiht. Das Magnesium ist durch Haupt- und Partialvalenzen mit den Stickstoffatomen der Pyrrolkerne komplex verbunden. Bei der Einwirkung schon schwacher Säuren lösen sich seine Bindungen; es ist gegenüber Säuren sehr empfindlich und besitzt gegenüber Kohlensäure eine optimale Reaktionsfähigkeit. Es vermag nämlich im wässerigen Medium unter nur teilweiser Lockerung seiner Stickstoffbindungen Kohlensäure zu adsorbieren oder zu binden. Das nahe verwandte Zinkchlorophyll reagiert nur noch mit starken Säuren, gekupfertes Chlorophyll nicht einmal mit konz. Salzsäure, während andererseits die komplexen Alkalisalze schon durch Wasser zerlegt werden. Noch unabgeklärt war bis vor kurzem die Atomgruppierung um die Kohlenstoffatome C_9 und C_{10}, der unsere besondere Aufmerksamkeit gegolten hat. Es würde zu weit führen, alle Reaktionen, die für unsere Formeln sprechen, aufzuführen und zu diskutieren, das geschieht in Fachzeitschriften (Naturwissensch. 1932 und Helv. chim. Acta 1932/33). Wir sind bisher noch auf keine Reaktion gestoßen, die mit unseren Formeln nicht hätte erklärt werden können. Die interessantesten Ergebnisse stammen aus den allerletzten Monaten. Es gelang uns sogar, Chlorophyll b durch zwei anscheinend einfache Reaktionen in Chlorophyll a überzuführen, und zwar durch Reaktionen, die sich nur an den Kohlenstoffatomen C_9 und C_{10} abspielen können, so daß damit der Beweis erbracht ist für die Identität der großen Ringsysteme beider Komponenten und gleichzeitig für die nahe Verwandtschaft in der Atomgruppierung um C_9 und C_{10}. Auch bei der katalytischen Hydrierung mit Palladium-Wasserstoff verhalten sich Chlorophyll a und Chlorophyll b gleichartig. Der tiefen Farbe entsprechend muß Chlorophyll ein zusammenhängendes System konjugierter Doppelbindungen besitzen. Die oben dargestellten Konstitutionsformeln tragen dem Rechnung; doch wird man sich dieses System von Doppelbindungen nicht stabil, sondern analog den Anschauungen über aromatische Kerne als „fließend" denken. Von den vielen in bezug auf den Ort der Doppelbindungen tautomeren Formeln sind zwei Varianten gewählt; damit soll keine Verschiedenheit in der Kernstruktur der beiden Komponenten a und b ausgedrückt werden. Die Formeln weisen außer dem geschlossenen System konjugierter Doppelbindungen je noch eine „überzählige" Doppelbindung auf, und es hat sich gezeigt, daß man die Chlorophylle katalytisch hydrieren kann, ohne daß sie ihr Spektrum und daher auch ihre Lichtabsorptionsfähigkeit wesentlich ändern. Bei magnesiumfreien Abkömmlingen geht die Hydrierung leicht weiter bis zu Leukoverbindungen, d. h. es werden Doppelbindungen hydriert, die der steten Konjugation angehören und deren Unterbrechung das Aufhellen der Farbe zur Folge hat. Solche Leukoverbindungen dehydrieren sich an der Luft von selbst, sie geben Wasserstoff ab und bilden Doppelbindungen zurück, selbst eine mehr als Chlorophyll besitzt, bis zur Porphyrinstufe. Chlorophyll bzw. seine Abkömmlinge können also katalytisch erregten Wasserstoff aufnehmen und von selbst wieder abgeben, d. h. als Wasserstoffacceptor und als Wasserstoffdonator wirken.

Eine Wasserstoffabgabe findet bei natürlichem Chlorophyll auch am Kohlenstoffatom C_9 statt. Schon beim Stehen in Alkohol verwandelt sich beispielsweise bei Chlorophyll b der primäre Alkohol (C_9) in einen Aldehyd, der mit mildesten Reduktionsmitteln zum Alkohol zurückverwandelt werden kann. Bei der Dehydrierung an C_9 geht die eigenartigste Reaktion des natürlichen Chlorophylls, nämlich die sog. ,,braune Phase", verloren. Die braune Phase des Chlorophylls ist identisch mit der sog. Reaktion von MOLISCH. Betupft man Schnitte von Blättern mit konz. Kalilauge, so färbt sich das Chlorophyll an den Schnitteilen braun. Im Blatt bleibt die Reaktion bei braun stehen. Bei isoliertem Chlorophyll, z. B. beim Schütteln einer ätherischen Lösung mit konz. methylalkoholischer Kalilauge, geht die braune Farbe rasch vorüber, und es erscheint die ursprüngliche Farbe des Chlorophylls alsbald wieder, das durch eine Verseifung der Estergruppen nun allerdings laugenlöslich geworden ist.

Was bei dieser braunen Phase alles geschieht, war bis vor wenigen Monaten ein schwer entwirrbares Rätsel. Die Verseifung der Estergruppen, die man schon lange kannte, hat mit der Reaktion der braunen Phase eigentlich nichts zu tun. Wir haben gefunden, daß die braune Phase im wesentlichen eine Dehydrierung, also eine Wasserstoffabspaltung beim Kohlenstoffatom C_9 darstellt. Diese Dehydrierung verläuft aber schon von selbst beim Stehen einer Chlorophylllösung, und das Chlorophyll liefert alsdann die braune Phase nicht mehr. Die Dehydrierung hat eben bereits stattgefunden. Die Aufklärung des Wesens der braunen Phase war für die Aufstellung der Formeln von Chlorophyll a und b, besonders der Struktur um C_9 und C_{10}, von größter Wichtigkeit.

Ähnlich, wie das im Blatt der Fall ist, gelingt es durch Zusatz von Reduktionsmitteln, wie z. B. Hydrosulfit, die Dehydrierung bei der alkalischen Verseifung des Chlorophylls zu verhindern, die braune Phase gewissermaßen zu stabilisieren, wodurch die Möglichkeit einer Spektralmessung gegeben ist. Der Farbumschlag von grün in braun erfolgt, aber die grüne Farbe kehrt nicht wieder, bis man die inzwischen durch Verseifung der Estergruppen entstandenen Dicarbonsäuren durch gelindes Ansäuern in den Äther zurücktreibt. Diese so entstandenen „echten Chlorophylline" sind erneut phasenpositiv.

Die Tafel V zeigt die Spektren der Chlorophylle a und b, wie wir sie mit reinsten Präparaten neulich aufgenommen haben, zusammen mit den Spektren der magnesiumfreien Abkömmlinge, der Phäophorbide a und b und ihren Spektren während der „braunen Phase", die große Abweichungen zeigen. Die vergleichsweise ebenfalls angegebenen Spektren von Chlorophyll-Porphyrinen (Protophäoporphyrine a und b, Rhodoporphyrin und Ätioporphyrin) stehen dem Chlorophyll- bzw. Phäophorbidspektrum viel näher als die Spektren dieser Stoffe während der braunen Phase.

Die von uns entdeckte Fähigkeit des Chlorophyllmoleküls, am Kern und an C_9 Wasserstoff aufzunehmen und von selbst wieder abzugeben und dabei sein Spektrum, d. h. seine Farbe und Lichtabsorptionsfähigkeit nur ganz unwesentlich zu ändern, scheint mir die Möglichkeit einer Erklärung für eine wichtige Funktion des Chlorophylls beim Assimilationsvorgang in die Hand zu geben.

Wir haben früher gesehen, daß die Kohlensäure sich an das Chlorophyllmolekül anlagern kann. Sie tritt also ins Zentrum eines Moleküls, das die Lichtenergie in chemische Energie zu transformieren vermag. Die absorbierte Lichtenergie versetzt das Chlorophyllmolekül in starke Schwingungen, wie schon das intensive Fluorescenzlicht einer Chlorophyllösung zeigt. Diese Schwingungen werden sich auf die absorbierte Kohlensäure übertragen, die dadurch in ihrem Atomverband aufgelockert, vielleicht peroxydisch umgelagert, auf jeden Fall für die Reduktion bzw. Desoxydierung vorbereitet wird (I. photochemische Reaktion des Chlorophylls). Für die Reduktion der Kohlensäure oder eines Umlagerungsproduktes braucht es Wasserstoff, und dieser Wasserstoff kann nun aus den wasserstoffreicheren Formen des Chlorophylls selbst stammen, das ihn unter Dehydrierung an C_9 oder unter Bildung der „überzähligen" Doppelbindung einer vorübergehend hydrierten Form des Chlorophylls abgibt. Nach dieser Auffassung wird aus der umgelagerten Kohlensäure der Sauerstoff nicht als solcher, wie wir früher angenommen haben, sondern in Form von Wasser stufenweise abgespalten, bis die Formaldehydstufe erreicht ist.

Woher kommt nun der Wasserstoff, der für die Bildung der wasserstoffreicheren Formen des Chlorophylls immer wieder verbraucht wird? Die einfachste Annahme geht dahin, daß er aus Wasser stammt. Es ist seit langem bekannt, aber nur in analytischer Hinsicht beachtet worden, daß Chlorophyll, obschon es Wachsnatur besitzt, Wasser molekular so fest zu binden vermag, daß es nicht immer gelang, bei Anwendung schärfster Trocknungsverfahren das Wasser vollständig zu entfernen. Diese Neigung zur Hydratbildung des Chlorophylls ist wohl kein Zufall. Das an das Chlorophyll gebundene Wasser kann unter dem Einfluß der durch die

Tafel V.

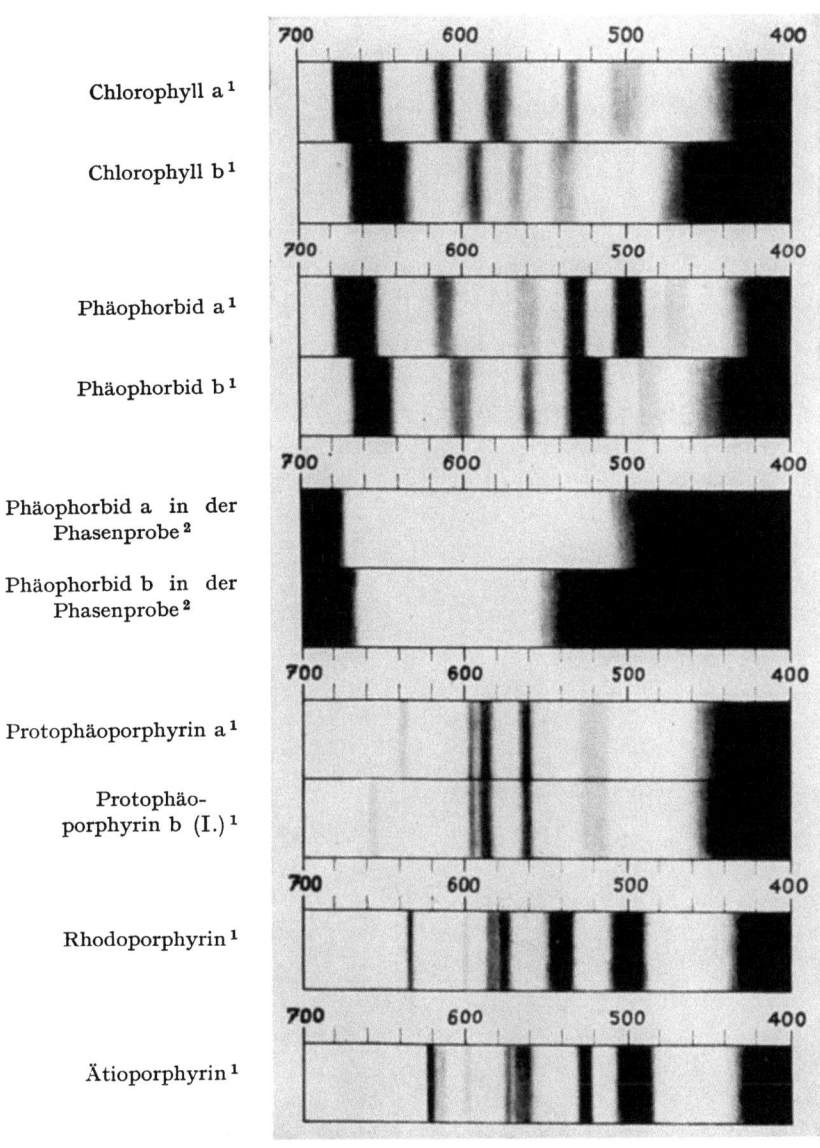

[1] In ätherischer Lösung mit ca. 2% Pyridingehalt.
[2] Gelöst in Pyridin mit nachfolgendem Zusatz des gleichen Volumens 30 proz. methylalkoholischer Kalilauge.

Verlag von Julius Springer in Berlin.

Lichtabsorption verstärkten Schwingungen des Chlorophyllmoleküls zerfallen nach der Gleichung:
$$H_2O \to OH(H_2O_2) + H$$
(II. photochemische Reaktion des Chlorophylls).

Das Wasserstoffsuperoxyd würde nun seinerseits zerlegt in Wasser und Sauerstoff durch die in jedem Blatt reichlich vorhandene Katalase, einem Enzym, von dem man keine andere Reaktion kennt als die Abspaltung von Sauerstoff aus Wasserstoffsuperoxyd. Läßt man ein Stück eines Blattes in eine verdünnte Wasserstoffsuperoxydlösung fallen, so zeigen sich an den Rißstellen alsbald Sauerstoffblasen, während die unverwundeten Teile des Blattes keine solchen aufweisen. Daß ein peroxydspaltendes Enzym sich bei der Assimilation beteilige, wurde weiter oben erwähnt, und daß dieser enzymatische Faktor in seinem Verhalten eine weitgehende Analogie mit Katalase besitzt, hat O. WARBURG gezeigt. Der bei der Assimilation frei werdende Sauerstoff würde also nicht direkt aus der Kohlensäure, sondern aus Wasserstoffsuperoxyd stammen, das seinerseits bei der photochemischen Spaltung des Wassers gebildet würde. Daß der Assimilationsquotient $\frac{O_2}{CO_2}$ trotzdem unverrückbar $= 1$ bleibt, hat seinen Grund darin, daß die ganze Folge von Teilreaktionen zwangsläufig und durch diese mehrfach selbst gesteuert, lückenlos, also ohne Anhäufung von Zwischenprodukten, ablaufen muß, bis die summarische Gleichung:
$$H_2CO_3 = CH_2O + O_2$$
erfüllt ist.

Die Teilreaktionen des Assimilationsvorganges wären kurz die folgenden:

1. Bindung von Kohlensäure oder einer Kohlensäureverbindung an Chlorophyll (Eintritt der Kohlensäure in das Molekül des Lichtacceptors und -transformators).

2. Auflockerung bzw. peroxydische Umlagerung der Kohlensäure in zwei Stufen zum Wasserstoffacceptor (I. photochemische Reaktion des Chlorophylls).

3. Dehydrierung des Chlorophylls unter stufenweiser Reduktion der Kohlensäure.

4. Spaltung von Wasser: $H_2O \to H + OH(H_2O_2)$ unter Wiederaufladung des Chlorophylls mit Wasserstoff zum Wasserstoffdonator (II. photochemische Reaktion des Chlorophylls).

5. Beseitigung des Hydroperoxyds durch die Blattkatalase (von der Temperatur abhängige, enzymatische Reaktion; Entbindung von Sauerstoff).

Diese in wichtigen Phasen neuartige Anschauung über den chemischen Verlauf der Photosynthese baut sich auf der von R. WILLSTÄTTER und A. STOLL gegebenen Grundlage auf und scheint den besonderen energetischen Verhältnissen dieses einzigartigen Vorgangs Rechnung zu tragen. Der große Energieaufwand, der für den Übergang der Kohlensäure in die Kohlehydratstufe nötig ist, wird auf verschiedene photochemische Reaktionen verteilt, ohne daß die Desoxydation der Kohlensäure in chemischer Hinsicht komplizierter würde. Doch bleibt eben auch diese Erklärung, obwohl durch viele experimentell ermittelte Tatsachen gestützt, vorläufig noch Arbeitshypothese, die der weiteren Bearbeitung des Problems Anhaltspunkte geben kann. Die physikalische Seite, besonders das Wesen der Umwandlung des Lichts in chemisches Potential, ist noch unabgeklärt, und es bleibt, trotz unserer Kenntnis über den Bau des Chlorophylls, ein großes Rätsel, wieso das grüne Blattpigment imstande ist, die chemische Energie auf so stabile Atomgruppen wie Kohlensäure und Wasser überzuleiten und diese Stoffe umzuwandeln bzw. zu spalten und seine eigenen zum Teil äußerst empfindlichen Gruppen intakt zu lassen.

Wenn irgendwo, so gilt in der Biochemie, daß unser Wissen Stückwerk ist. Die über den Zeitraum eines Jahrhunderts verteilten Untersuchungen über die wirksamen Bestandteile des Mutterkorns haben durch die Isolierung des Ergotamins und dessen Einführung in die Therapie einen gewissen Abschluß erlangt, ebenso die über viele Jahrzehnte ausgedehnten Untersuchungen über die Fingerhut- und Meerzwiebelglykoside, wenigstens in bezug auf die genuinen Formen dieser Naturstoffe. Doch bleibt die Konstitution der Aglykone noch unaufgeklärt und wird wohl erst im Zusammenhang mit den großen Arbeiten über die nahe verwandten Sterine und Gallensäuren bekannt werden. Der Bau des relativ hochmolekularen und empfindlichen Alkaloids, des so kostspieligen Ergotamins, bleibt wohl noch geraume Zeit ein tiefes Geheimnis, und wo und wie diese Stoffe schon in kleinsten Mengen bei therapeutischer Verwendung am Erfolgsorgan wirken, ein großes Rätsel.

Das Chlorophyll hat man seit 20 Jahren in reinster Form in Händen, und man ist daran, die letzten Feinheiten seines molekularen Baus aufzuklären, seine reaktionsfähigen Gruppen mit der Funktion des Chlorophylls im Assimilationsvorgang in Zusammenhang zu bringen und dabei einer Hauptforderung Rechnung zu tragen, daß das Chlorophyll intakt bleiben muß. Doch dürfte noch ein weiter Weg sein bis zu einer mit dem natürlichen Vorgang vergleichbaren Assimilationsleistung des Chlorophylls außerhalb der lebenden Zelle. Das Chlorophyll ist eben vorläufig die einzige einigermaßen bekannte, wenn wohl auch die wichtigste Substanz des Assimilationsapparates. Man wird weitere Teilreaktionen der Photosynthese nach und nach beweisen können und so immer wieder, rascher oder langsamer, manchmal erst durch jahrelange Forschung, einen kleinen Schritt vorankommen in der Erkenntnis dieses Grundvorganges der belebten Natur, der den Übergang von anorganischer zu organischer Materie vermittelt.

Ich hörte einmal A. VON HARNACK ein gutes Wort zitieren, das dieses schrittweise Vordringen der biochemischen Forschung treffend kennzeichnet: „Ich habe stets den nächsten Schritt gewählt, ein fernes Ziel hat mich dabei beseelt."

Verlag von Julius Springer / Berlin

Emil Fischer's Gesammelte Werke. Herausgeg. von M. Bergmann.
Untersuchungen über Aminosäuren, Polypeptide und Proteine I (1899—1906).
X, 770 Seiten. 1906. Unveränderter Neudruck 1925. RM 48.—; gebunden RM 51.—*
Untersuchungen über Aminosäuren, Polypeptide und Proteine II (1907—1919).
X, 922 Seiten. 1923. RM 29.—; gebunden RM 32.—*
Untersuchungen über Depside und Gerbstoffe (1908—1919). VI, 541 Seiten.
1919. RM 21.80*
Untersuchungen über Kohlenhydrate und Fermente I (1884—1908). VIII,
912 Seiten. 1909. Unveränderter Neudruck 1925. RM 57.—; gebunden RM 60.—*
Untersuchungen über Kohlenhydrate und Fermente II (1908—1919). IX,
534 Seiten. 1922. RM 19.—; gebunden RM 22.—*
Untersuchungen in der Puringruppe (1882—1906). VIII, 608 Seiten. 1907.
RM 15.—*
Untersuchungen über Triphenylmethanfarbstoffe, Hydrazine und Indole. IX, 880 Seiten. 1924. RM 39.—; gebunden RM 40.50*
Untersuchungen aus verschiedenen Gebieten. Vorträge und Abhandlungen allgemeinen Inhalts. X, 914 Seiten. 1924. RM 40.50; gebunden RM 42.—*
Neuere Erfolge und Probleme der Chemie. 30 Seiten. 1911. RM 0.80*
Organische Synthese und Biologie. Zweite, unveränderte Auflage. 28 Seiten.
1912. RM 1.—*

Beilsteins Handbuch der organischen Chemie. Vierte Auflage. Herausgegeben von der Deutschen Chemischen Gesellschaft.
Hauptwerk, die Literatur bis 1. Januar 1910 umfassend. Bearbeitet von
Bernh. Prager, Paul Jacobson †, Paul Schmidt, Dora Stern.
Abgeschlossen liegen vor:
Acyclische Reihe (Band 1—4).
Cyclische Reihe (Band 5).
Isocyclische Reihe (Band 6—16).
Erstes Ergänzungswerk, die Literatur von 1910—1919 umfassend.
Herausgegeben von der Deutschen Chemischen Gesellschaft.
Bearbeitet von Friedrich Richter.
Es erschienen die Bände 1—10.
Zweites Ergänzungswerk, die Literatur von 1920—1929 umfassend.
In Vorbereitung.

System der organischen Verbindungen. Ein Leitfaden für die Benutzung von Beilsteins Handbuch der organischen Chemie. Herausgegeben
von der Deutschen Chemischen Gesellschaft. Bearbeitet von B. Prager,
D. Stern, K. Ilberg. III, 246 Seiten. 1929. Gebunden RM 24.—

Landolt - Börnstein, Physikalisch - chemische Tabellen.
Fünfte, umgearbeitete und vermehrte Auflage. Unter Mitwirkung
zahlreicher Fachgelehrter herausgegeben von Dr. **Walther A. Roth,** Professor an der Technischen Hochschule in Braunschweig, und Dr. **Karl
Scheel,** Professor an der Physik.-Techn. Reichsanstalt in Charlottenburg,
Geheimer und Oberregierungsrat. In zwei Teilen. XIX, 1695 Seiten.
1923. Gebunden RM 106.—*
Erster Ergänzungsband nebst Generalregister. X, 919 Seiten. 1927.
Gebunden RM 114.—*
Zweiter Ergänzungsband.
Erster Teil: VIII, 506 Seiten. 1931. Gebunden RM 75.—*
Zweiter Teil: XIV, 1201 Seiten. 1931. Gebunden RM 169.—

---
*Auf die Preise dieser vor dem 1. Juli 1931 erschienenen Bücher wird ein Notnachlaß
von 10% gewährt.*

Verlag von Julius Springer / Berlin und Wien

Analyse und Konstitutionsermittlung organischer Verbindungen. Von Dr. Hans Meyer, o. ö. Professor der Chemie an der Deutschen Universität zu Prag. Fünfte, umgearbeitete Auflage. Mit 180 Abbildungen im Text. XX, 709 Seiten. 1931.
RM 48.—; gebunden RM 51.—*

Katalyse vom Standpunkt der chemischen Kinetik. Von Georg-Maria Schwab, Privatdozent für Chemie an der Universität München. Mit 39 Figuren. VIII, 249 Seiten. 1931.
RM 18.60; gebunden RM 19.80*

Elektrochemie der Kolloide. Von Professor Dr. Wolfgang Pauli, Vorstand des Institutes für Medizinische Kolloidchemie der Universität Wien, und Dr. Emerich Valkó, Gew. Assistent am Institute für Medizinische Kolloidchemie der Universität Wien. Mit 163 Abbildungen im Text und 252 Tabellen. XII, 647 Seiten. 1929.
RM 66.—; gebunden RM 68.—

Die Eiweißkörper und die Theorie der kolloidalen Erscheinungen. Von Jacques Loeb †, Mitglied des Rockefeller-Instituts für Medizinische Forschung, New York. Deutsch herausgegeben von Carl van Eweyk, Berlin. Mit 115 Abbildungen. VIII, 298 Seiten. 1924.
RM 15.—*

Die Chemie der Monosaccharide und der Glykolyse. Von Heinz Ohle, Berlin. (Sonderausgabe des gleichnamigen Beitrages in „Ergebnisse der Physiologie", Band 33.) Mit 7 Abbildungen. IV, 146 Seiten. 1931.
RM 7.80

Die hochmolekularen organischen Verbindungen, Kautschuk und Cellulose. Von Dr. phil. hermann Staudinger, o. Professor, Direktor des Chemischen Laboratoriums der Universität Freiburg i. Br. Mit 113 Abbildungen. XV, 540 Seiten. 1932.
RM 49.60; gebunden RM 52.—

Die Chemie der Cerebroside und Phosphatide. Von H. Thierfelder und E. Klenk, Tübingen. (Bildet Band XIX der „Monographien aus dem Gesamtgebiet der Physiologie der Pflanzen und der Tiere". VIII, 224 Seiten. 1930.
RM 19.60; gebunden RM 21.20*

Histamin. Seine Pharmakologie und Bedeutung für die Humoralphysiologie. Von W. Feldberg und E. Schilf, am Physiologischen Institut der Universität Berlin. (Bildet Band XX der „Monographien aus dem Gesamtgebiet der Physiologie der Pflanzen und der Tiere".) Mit 86 Abbildungen. XII, 582 Seiten. 1930. RM 48.—; gebunden RM 49.80*

Auf die Preise der vor dem 1. Juli 1931 erschienenen Bücher des Verlages Julius Springer, Berlin, wird ein Notnachlaß von 10% gewährt.

MIX
Papier aus verantwortungsvollen Quellen
Paper from responsible sources
FSC® C105338

If you have any concerns about our products,
you can contact us on
ProductSafety@springernature.com

In case Publisher is established outside the EU,
the EU authorized representative is:
**Springer Nature Customer Service Center GmbH
Europaplatz 3, 69115 Heidelberg, Germany**

Printed by Libri Plureos GmbH
in Hamburg, Germany